知识产权出版社

中央美术学院实验教学丛书

[建筑设计方法入门]

手绘建筑画

韩光煦　王珂　编著

知识产权出版社

全国百佳图书出版单位

内容提要

　　本书针对艺术院校多数学生偏重形象思维、造型能力强而理科基础相对较弱的特点，介绍了手绘建筑画的绘制技巧，其间配以大量中央美术学院师生的实例作品，集知识性、资料性和趣味性为一体，是一本简明扼要、可读性强的辅助教材。

　　本书可作为艺术院校建筑与环境艺术等相关专业学生的教学用书，也可供相关专业人员参考。

选题策划：阳　森　张宝林　莫　莉
责任编辑：张　冰
文字编辑：莫　莉

图书在版编目（CIP）数据

手绘建筑画/韩光煦，王珂编著．—北京：知识
产权出版社，2011.8（2019.2重印）
　（中央美术学院实验教学丛书．建筑设计方法入门）
　ISBN 978-7-5130-0733-7

　Ⅰ.①手…　Ⅱ.①韩…　②王…　Ⅲ.①建筑画—绘画
技法—高等学校—教学参考资料　Ⅳ.①TU204

　中国版本图书馆 CIP 数据核字（2011）第 155877 号

中央美术学院实验教学丛书［建筑设计方法入门］

手绘建筑画
SHOUHUI JIANZHUHUA

韩光煦　　王珂　编著

出版发行	知识产权出版社有限责任公司	网　　址：http：//www.ipph.cn	
社　　址：北京市海淀区气象路50号院		邮　　编：100081	
责编电话：010-82000860 转 8024		责编邮箱：zhangbing@cnipr.com	
发行电话：010-82000860 转 8101/8102		传　　真：010-82005070/82000893	
印　　刷：天津市银博印刷集团有限公司		经　　销：新华书店及相关销售网点	
开　　本：889mm×1194mm　1/16		印　　张：10	
版　　次：2007 年 11 月第 1 版		印　　次：2019 年 2 月第 3 次印刷	
字　　数：203 千字		印　　数：6101～7100 册	
定　　价：48.00 元			

ISBN 978-7-5130-0733-7/TU·080（3637）

前　言

自 20 世纪 80 年代以来，随着城市建设和房地产业的快速发展，全国高等院校，特别是艺术院校纷纷开设建筑与环境艺术专业，以适应经济发展对人才的需求。但现有高等院校教材和专业书籍或为专著、偏重技术性，或为图片、资料汇编为主，真正适合艺术院校建筑与环境艺术专业教学特点的并不多。

中央美术学院自 1993 年开设建筑与环境艺术专业，已有十余年历史。其间不断进行改革、探索，力求走出一条在艺术院校培养建筑人才的路子，既要使学生掌握设计必需的一般知识，更要让学生重视创新能力，以提高学生在未来设计领域中的竞争力。

建筑学院第一工作室有感于艺术院校多数学生偏重形象思维、造型能力强而理科基础相对较弱的特点，决定在教学实践的基础上编写出一套针对艺术院校建筑与环境艺术专业低年级学生使用的简明扼要、可读性强的辅助性教材，并力求将知识性、趣味性和资料性结合起来。在编排方法上，将范例介绍、内容讲解与学生作业评价相结合，使学生通过一些典型的课程设计，在学到一些相关知识的同时，逐步掌握一套科学的工作方法和操作程序，发挥美院优势，提高以创意和表达能力为中心的综合能力。

《建筑设计方法入门》按五个分册陆续编写，即《别墅及环境设计》、《会所及环境设计》、《住宅与住区环境设计》、《手绘建筑画》和《建筑艺术欣赏》。

在编写过程中，建筑学院第一工作室研究生宫勉、张阳、周蓓蓓以及蒋同亚等同学在作业整理、插图绘制和文字编排等方面做了大量工作，北京电视台编辑韩梅协助收集、整理并提供了大部手绘效果图原作，在此一并致谢。但终因作者经验和学识有限，错讹之处在所难免，尚望业内专家与读者不吝指正。

本书的范例选用了一些国内优秀作品和建筑学院部分师生近年习作，由于是多年教学资料的积累，有些作者姓名或作品出处无从考究，因此无法注明；部分作品作者也由于地址不详无法联系，谨在此一并致以深深的感谢。如对本书有任何建议或意见，请与本书作者联系。

作者
2007 年 5 月

目录

第一篇 手绘建筑画概论

第一章 手绘建筑画概述

第一节
手绘建筑画的概念与价值

一、建筑画与效果图

建筑画泛指一切能表达建筑、景观环境形象并具有欣赏价值的绘画作品，包括建筑写生、设计构思草图、建筑形象设计图样(立面、轴侧、透视、鸟瞰、室内外环境设计)以及以建筑景观为主的装饰绘画作品等。而效果图是建筑画的一种，通常是指其中室内外透视、鸟瞰、景观小品造型等最能直观表达建筑形象和环境设计意图的建筑画。"效果图"是一种约定俗成的叫法。

二、效果图的用途

就一般的理解，效果图的作用首先是以最直观的方式将建筑和景观的形象表现出来，以供审查、评判、讨论，以便甲方、领导或有关管理机构能充分地理解设计意图，作出选择、采纳、批准或修改的决定。尤其是对于非专业的人员，效果图是说明设计意图的最直观有效的方式。方案确定以后的最终效果图，对于指导施工、控制最终效果和向社会做宣传也是十分有效的。

实际上，效果图的作用还不止于此。设计过程中的效果图(大部分以快速表达形式出现)对于启发思路、深入推敲和最终定案都十分重要。设计常需要进行多方案比较并反复推敲、修改，快速表达的效果图是始终伴随其中的。因此，它是设计全过程中的重要手段，只不过一般人更多注意到的是作汇报和竞标用的最终效果图。

三、效果图也是艺术品

优秀的效果图本身就是极具欣赏价值的艺术品。国家不定期地组织建筑画竞赛、评选和展览，就是因为它不只是一种工程需要，更是一种艺术创作活动。改革开放以来，基本建设的大规模展开、房地产业快速发展和设计行业的市场化运作更加促进了效果图创作的繁荣。欣赏优秀的效果图有利于提高人们的建筑意识、艺术修养和设计人员的创作水平。尤其是效果图与其他形式的建筑画，如速写、装饰画等，作为陈列与装饰时，其作用与其他造型艺术就更无区别了。因此，对于专事建筑创作的人来说，学习和借鉴优秀的效果图作品不只是一种专业技能的培养，更是一种艺术素质提高的过程。

第二节
手绘建筑画的发展与现状

一、建筑画的历史久远

可以说自从有了建筑就有了建筑画，所以建筑画少说也有两万年的历史，而且毫无疑问都是手绘的。不过，在很长的历史时期内，建筑画只不过是一种以建筑为对象的绘画作品，与描绘风景、人物、生活场景的绘画作品并无本质区别。这一点从许多历史遗

木雕壁饰　佚名

敦煌壁画

铜版画　肖萍

建筑装饰画

建筑作为装饰艺术作品的主题，无论在欧洲国家还是在中国，均有悠久的历史，这一点与其他造型艺术没有区别。

存中可以看得很清楚。许多以建筑为主要描绘对象的建筑画常常成为研究社会形态的重要史料，如清明上河图。

而当这些绘画、图样被用来向帝王、官吏和出资人说明建造形式时，便有了如今所谓效果图的性质和功能。

但是，当时的建筑画并没有透视的科学概念。直到500多年前，意大利建筑师鲁内莱斯基才第一个系统地阐述了透视画法的规则。

建筑画的表达手段也随着时代的发展越来越趋向多种多样，铅笔、钢笔、铜版、石版、水彩、水墨、水粉、马克笔、中国画甚至油画等，材料和技法丰富多彩。

中国画　　　　　　　　　　　　　　　　　何镇强

历代中国画无不与建筑有关，同时中国画也成为建筑画的一种表现形式，而尤其适于表现园林、中国古建筑和民居。

铅笔画　　　　　　　　　　　　　　　　　佚名

铅笔画是造型艺术训练的基础，可以很好地表达黑白关系，既概括而又生动，具有很高的欣赏价值。

二、工具和技法的演变

半个世纪以来，我国建筑画随着建筑业的发展经历了一个逐步演变的过程。20世纪60年代以前，我国公共建筑数量不多，一般民建标准很低。在计划经济体制下，需要以效果图表达和参与设计竞争的情况很少，这类活动主要集中在大设计院和为数不多的建筑院校中。除设计过程中的草图外，用于表达设计成果的建筑画技法上以水墨和水彩渲染为主，强调准确的阴影和素描关系，渲染层数多、速度慢。由于水彩渲染必须干透才能继续着色，在急需的情况下（如国庆工程会战），不得不由专人拿吹风机"侍候"。这种建筑画也因其技法特点通称"渲染图"。这种古典式渲染效果透明、含蓄、层次多、空气感强，有很高的欣赏价值，但效率低，不适合快速表现。

70年代后，随着十年政治动

钢笔画　　　　　　　　　　　　王路

鲁愚力

钢笔画适应范围广，既可以进行细致入微的描绘，又可以作为速写的主要手段，是钢笔淡彩等快速效果图的基础。

张易生　　　　　　　　　　　　　　　　　　　　　　　　　　　　程泰宁

水彩画

　　水彩画与铅笔画一样属西方最古老的画种，多用于风景、静物写生及古典式建筑渲染，细致微妙、层次丰富、空气感强。但由于水彩的薄而透明，对水分的掌握十分重要。

乱中宣传画的普及，效果强烈的水粉画大行其道。建筑渲染图也向色彩鲜明、可多次覆盖和表达效果直截了当的水粉画转移。通常是水彩和水粉结合使用，如天空、玻璃和倒影等保留水彩画法，而实体部分，包括墙面、云和近树、人物等均用水粉，用鸭嘴笔勾线。这时，对建筑画的提法也随技法的演进以中性的"透视"图、"鸟瞰"图为主，不再强调"渲染"了。

　　80年代以后，改革开放的深入使建筑界发生了深刻变化。一是基建项目大量上马、速度加快

且引入竞争机制，要求快速出图、表达明确、效果抢眼以利夺标；二是大量先进绘画工具、材料和画法被引进，如针管笔、马克笔以及其他形形色色的工具。

　　同时，为适应市场化和广告业的发展，喷笔画也被引进建筑画技法并同其他画法相融合。这时，建筑画的效果更为醒目、逼真、一目了然。于是表现室内外形象的建筑画也顺理成章地被更多地称为"效果图"或"表现图"。

　　而到了90年代，在各种画法的竞争中，渐渐表现出两大明显

趋势。一是电脑的普及使大量效果图由手工绘制转为由计算机绘制并迅速占据统治地位。随着软件的不断更新，电脑效果图越来越快速、"逼真"，加上实景扫描贴图的运用，效果图如同照片，这正好满足了开发商和审批者对"一看就懂"的要求。由于设计人员中有高水平绘画能力的人严重不足，但社会需求迫切，工作量大导致专业分工，许多专事电脑出图的公司应运而生。一些并未受过严格专业训练的人员，只要学会操作电脑，也可依据图纸资料和借

3

李继生　　　　　　　　　　　　　　　　　　　　　　　　　　　　章又新

水粉画

　　水粉画色彩鲜明、强烈、肯定，便于平涂和覆盖，在电脑效果图出现以前，一直是大型公共建筑的主要表现手段。

凌本立   林兆璋

马克笔

马克笔色彩鲜艳透明，无需调色，使用方便，适用于快速表现，常与钢笔配合使用，效果强烈醒目。

程泰宁   徐勤

彩色铅笔

彩色铅笔通常在快速表现中与钢笔配合使用，也可在钢笔淡彩中作为水彩的补充。彩色铅笔使用方便，但因其着色特点，较少单独在大型作品中使用。

孔令涛 李东鹏   奚江琳 张奕

喷笔画

喷笔画适于表现天空、云朵、灯光和建筑物高光、退晕变化等。因无笔触，故多用于广告作品，在建筑画中主要配合水粉使用。

王珂

王珂

钢笔淡彩

钢笔淡彩以其方便实用和清新明快成为快速表现的主打画法，也是本书介绍的主要表现技法。

助扫描技术出效果图。

就在电脑绘图走向普及的同时却又出现另一种趋势，即一些高素质的开发商转而要求提供手绘效果图。

这一趋势是应欣赏的高品位所产生的，同时也有"考核"设计单位实力的意思。对设计单位来说，手绘效果图的快速、机动、较少依赖设备和数据的特点使其具有很大的实用性和灵活性。在方案尚未定型、给不出具体数据时，无经验的电脑绘图员无计可施。而有经验的手绘设计师却可以略去不必要的细节而快速勾勒出传神的方案效果图，因而手绘高手转而成为被争相聘用的对象。因此也形成当今一种风气：凡设计方案文件，包括售楼书，必须有精美的手绘插图甚至构思手稿，似乎非如此不足以表现设计单位的水平。

于是，在建筑与空间环境的表达方面就形成了电脑、手绘和模型的三分天下，而手绘作为最便于传达构思的基本功，是其余二者的基础。再进一步就是四度空间的动态表达方式——语音加动画。

三、广泛采用的绘画技法

现阶段手绘效果图的技法因所用工具、材料不同而多种多样。作为兼具观赏价值的艺术品，其技法更是百花齐放，这一点从历届建筑画展和出版画集上看尤其如此。但从实用角度说，无论是写生，还是快速表现的效果图，最常用的画法是钢笔白描和钢笔淡彩。这是因为钢笔白描和钢笔淡彩画法简便快捷、效果清晰明快，而工具材料简单易得，形式又雅俗共赏、群众喜闻乐见。

这里所说的钢笔淡彩只是就其画法的一种概括，其实其所用工具材料可以多种多样。其中勾线部分的工具既可以是传统的钢笔，也可以是针管笔、塑料笔、签字笔甚至圆珠笔；而颜料可以用传统的水彩、透明色，也可以用马克笔、塑料笔，常常还辅以彩色铅笔等。只要习惯、好用，可由作者自行摸索决定。此外，由于现在复印、扫描和彩色打印技术的普及，更为画面的修改、复制、线稿备份和色调调整提供了方便。这就使钢笔淡彩更为方便实用，广受欢迎，从而成为适应快速写生、出图和商业运作的一种"主打"画法。

第二章 手绘建筑画基础

建筑画作为绘画艺术的一个门类要求它具有欣赏价值，因此画面的艺术性是不言而喻的。但其重要的前提是准确、真实，这是与其他纯绘画艺术的根本区别所在。

建筑画，尤其是反映设计成果的效果图，因其功能上的物质属性决定它必须科学、真实、不可虚假。美国当代透视画家学会主席奥莱斯主张建筑画应同建成后拍摄的照片相一致。这种要求或许有些苛刻，但其观点的主导思想无疑是正确的，如果不能真实地反映设计意图，效果图就失去了意义。这就要求必须掌握相关知识和技能，其中最主要的就是透视规律和构图原理。有了这个基础，再加上对设计本身的理解，才能真正创作出优秀的作品。

第一节 透视

透视即物体形象随距离、角度不同而在画面上所产生的变化。透视关系准确是画好效果图的基本条件。要取得准确而且良好的透视效果，一是要符合透视规律，二是视点和角度的选择要合适。

一、透视的基本规律

假定建筑为一立方体，画面垂直地面立于建筑与观测者之间，则观测者通过画面所看到的建筑，在画面上可呈现以下四种情况。

（一）一点透视

当建筑的一组水平线与画面完全平行时，为一点透视，又称为平行透视。其要点如下：

（1）一点透视时，与画面平行的水平方向的尺寸无透视变

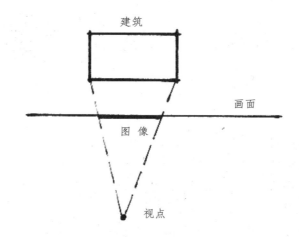

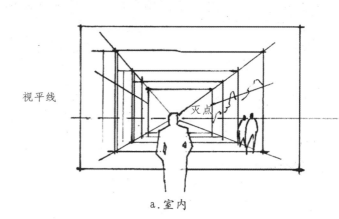

a.室内

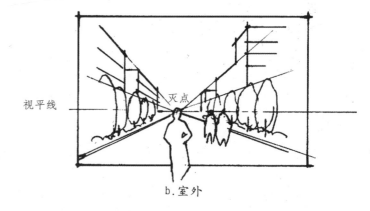

b.室外

图1 （一点）平行透视
建筑的一个立面与画面平行，只有一个灭点。

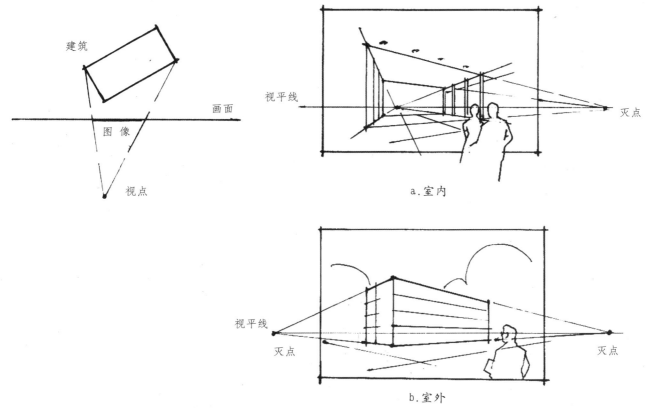

a．室内

b．室外

图2 （两点）成角透视
　　建筑只有一个棱与画面平行，在视平线两端各有一个灭点。

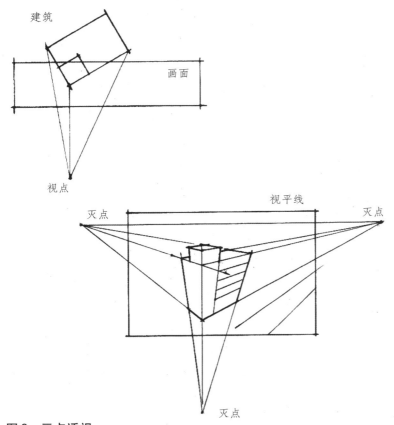

图3 三点透视
　　建筑在垂直方向与画面呈斜角（倾角或仰角），任何一面都与画面不平行，则呈三点透视。

化，而与画面垂直的纵深方向的尺寸呈透视变化。

　　（2）唯一灭点（消失点）在建筑或景观宽度范围内。

　　（3）一点透视适于表现雄伟、庄严、具有纪念性的建筑、室外场景和室内环境（图1）。

　　（二）两点透视

　　建筑平面与画面成一角度，建筑在画面上即呈两点透视，又称为成角透视。其要点如下：

　　（1）垂直距离（即建筑高度）无透视变化。

　　（2）水平方向两组平行线的灭点在视平线上，建筑的长宽均呈近大远小的透视变化。

　　（3）视平线即画面上通过视点高度的水平线。正常情况下视点高度即人眼高度（距离地面1.5～1.6m），也可根据画面表现需要适当抬高或降低视点高度。

　　（4）两点透视适于表现建筑外观和室外场景，应用最为广泛。当用于室内时，两个灭点一个在室内，一个在室外，或者两个灭点都在室外（图2）。

（三）三点透视

在近距离表现高层、超高层建筑，或有意强调垂直透视关系时，可采用三点透视。这时有三个灭点，其中垂直方向的灭点在通过视点的垂直线上。具体位置可能在天上（仰视），也可能在地下（鸟瞰），视需要而定（第7页图3）。建筑在垂直方向与画面呈斜角（倾角或仰角），任何一面都与画面不平行，则呈三点透视。

（四）多点透视

多点透视又称为散点透视，即从不同视点看到的建筑或构筑物集中在一个画面上。这实际上是视线或人在移动中所获得的视觉印象。多点透视可能出现于以下情况：

（1）复杂地形上的多栋建筑，且方向不同。

（2）商业街，由于距离长，很难设想在静止状态下用一般的两点透视表现。

（3）单体建筑，但形状复杂（出现斜面或非直角面）时也会形成多点透视。

以上四种透视中，两点透视和一点透视应用最广泛。三点透视只在表现特殊效果时应用。由于异形建筑和群体建筑的增多，多点透视的应用也越来越多，应注意研究。

二、透视的视点位置、角度与高度选择

（1）视点的位置对透视效果影响很大，应针对不同对象和所要表现的重点进行选择。视点距建筑越近，透视变化越强烈；视点越远，透视越平缓，有利于表现建筑的完整形象。

（2）建筑的主要立面与画面间夹角小、灭点距离远、透视相对较缓，有利于表现主立面形象（图4）。

（3）视点高度取决于表达意图。如果要表现建筑的雄伟、高耸，视点宜低；如果要表现广场环境布置，视点宜高；如果要表现建筑群体关系和大面积景观，则可进一步提高视点，以鸟瞰形式表达。

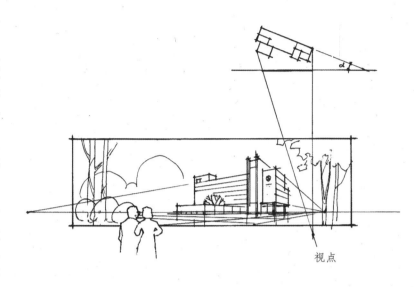

视点

图4 视点位置与透视角度
视点距建筑较远，建筑主立面与画面夹角小有利于充分表现主立面。

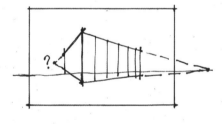
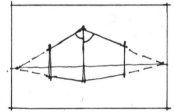

图5 灭点不在一条视平线上　　**图6 两面透视角度相等**

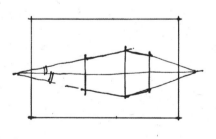
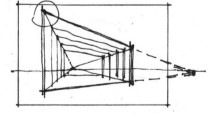

图7 视平线在画面上居中　　**图8 视距过近，视角过宽**

三、透视方面常见的问题

建筑与环艺专业学生对基本的透视原理并不陌生，但由于经验不足等原因，在手绘效果图中还是会出现一些常见的问题。

（1）两个灭点不在一条视平线上，造成建筑形象歪扭、倾斜（图5）。

（2）两个灭点与建筑最近墙角距离相等或相差很小，造成两个立面透视角度相同或相近，立面主次不分，画面呆板（图6）。

（3）视点高度等于或接近建筑主体高度的一半，建筑上下轮廓透视角度相同，画面不生动（图7）。

（4）室内采用两点透视且视距过近，视角过宽，近处产生变形，感觉失真（图8）。

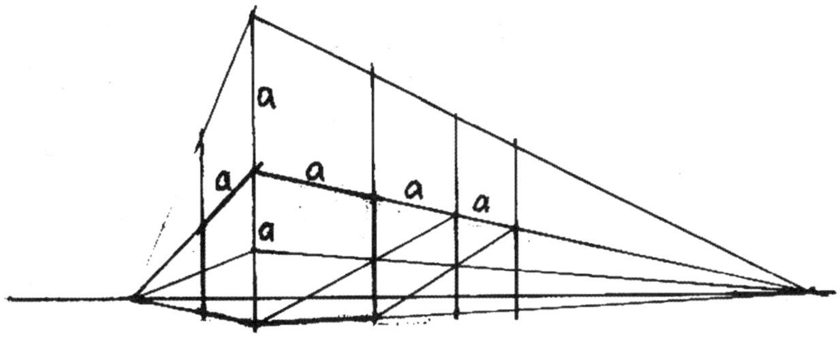

四、基本形体透视的简便画法

正规的透视画法比较繁琐，费时费力。在获得的形象不尽满意时，修改更为麻烦。而且单纯依靠尺规作图获得的体块形象同样难免误差和变形。在要求快速表现的情况下，用近似方法，可保证主体轮廓较为准确，有利于选择合适角度和把握大的感觉，可控性强。对于以表达造型意图为主要目的的快速效果图来说，精度也已足够。

这种方法的基本概念就是以一个正立方体为基础，通过增减的方法求得建筑主体的基本透视轮廓。有了这个控制性轮廓，即可进行分层和开间的再划分，而细部则以目测为主按照透视关系进行刻画。

（一）加法

（1）按所需角度画一个（或写生一个）正立方体并找出两个方向的灭点，其连线即为视平线。然后从一个顶点与对边中点连线并与邻边透视线相交，过该交点作垂线，即可获得与该立方体相同的第二个立方体。依次类推即可获得符合透视关系的由多个立方体组合成的形体。在两点透视中，垂直方向无透视变化，高度的增减可按比例确定（图9）。

如果对于手画正立方体比例无把握又无条件写生，也可准备一些不同角度正立方体形象的图片资料，以备选用。

（2）有了建筑主体的轮廓，还需要按层数和开间进行划分。在垂直方向上因无透视变化，可直接按各层高度比例进行划分，而在水平方向可按以下方法进行立面划分。

1）在画面中最近的房角上，沿垂方向按相应立面的开间数及其长度比例进行划分。

2）将各分隔点与消失点连线，这些连线与该立面对角线相交。

3）过各交点作垂直线，即为该立面所需的开间划分线。

加法适用于各种比例的水平划分，其中包括了等分或不等分。由此，只要第一个正立方体的透视轮廓是准确的，则整个建筑轮廓和立面的划分都会是准确的（图10）。

图9 加法

以一个正立方体为基础，向三个方向重复叠加，以求得所需的形体轮廓。

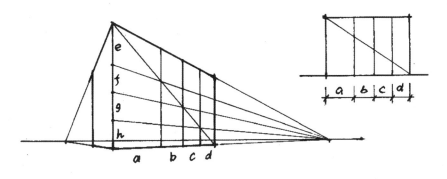

图10 立面开间划分

只需 $e:f:g:h = a:b:c:d$，即可求出透视中的 a、b、c、d。

（二）减法

减法是相对于加法的另一种求得主体轮廓的方法，也是以一个正立方体为基础，但区别在于这个立方体要能容纳整个建筑主体。

（1）取一个符合需要角度的正立方体，假定其边长等于建筑主体的最长边。

（2）根据立面体块划分的比例，按前述方法进行水平与垂直方向的划分，去掉不需要的部分，所剩的就是需要的建筑主体的透视轮廓（图11）。

可按前述同样方法进行细部再划分。

加法和减法的原理相同，但减法更为简便。只要原始的正立方体的透视比例准确，则无论用加法还是减法，所推出的建筑总体轮廓理论上都是准确无误的。为进一步简化程序，不妨借助电脑预作几个不同角度、不同视点高度的类似"魔方"的正立方体透视线条图（各边均作10或100等分）备用。需要时只需按建筑主体长宽高按比例在"魔方"图上截取即可。有了总体轮廓，其大小可按画面需要借助复印机的缩放功能加以解决（图12）。

（三）圆形和其他不规则形状的透视画法

基本方法是将圆形或不规则形状纳入正方形。将正方形等分

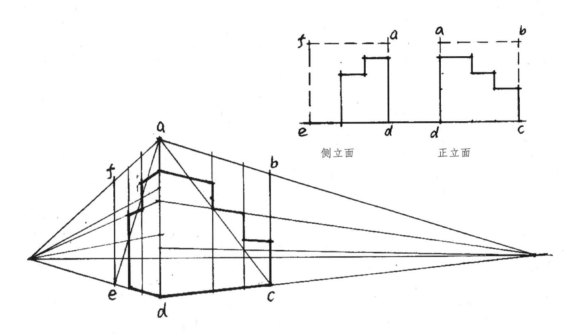

图11　用减法在正立方体上取得主体轮廓

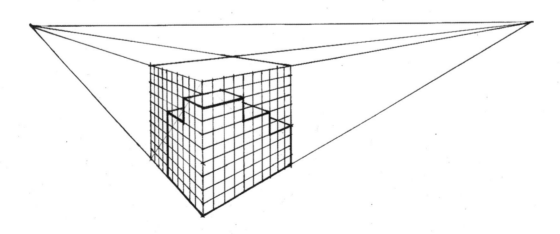

图12　从"魔方"图上截图
在"魔方"图上，图11所要求的体块可按尺寸比例直接"截取"出来，这实际上相当于提供了一张透视坐标网。

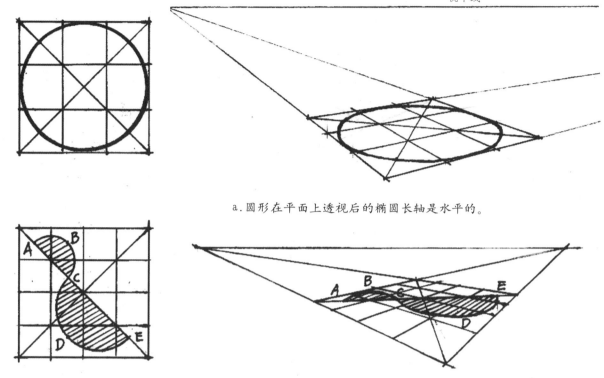

视平线

a.圆形在平面上透视后的椭圆长轴是水平的。

b.任何不规则形状均可借助对应点连线画出。

图13　利用九宫格的透视图画圆形或不规则形状

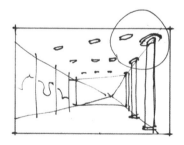

图14　圆形透视后的长轴随透视角度倾斜

成若干份（如九宫格），再将曲线与九宫格上的交点按其位置在正方形透视面的相应位置上一一标注，然后将各点以直线或圆滑曲线相连，即可得出较为准确的透视图形。该方法对平面和立面同样适用（图13）。

　　需要注意的一个特殊现象是，圆形只要是在平面（或垂直面）上，其透视形成的椭圆形长轴永远是水平（或垂直）的。同样，在斜面上长轴也是与坡向一致的。在许多透视尤其是室内透视中，常有地面和顶棚上的圆形透视后长轴被"拉"成倾斜的（例如吸顶灯和柱脚），这是错误的（图14）。

　　透视关系不对，会造成视觉失真，让人觉得地面不平、屋顶倾斜或建筑扭曲等。因此，从大的形体上求得尽可能准确的透视关系是画好效果图的基础。

　　在大的形体比例和立面划分基本准确的基础上，建筑细部，如墙面厚度、装饰构件、局部突出或凹进的次要体量则更多地依靠目测判断和手头把握。这样整体既不会失真，又可提高效率。

第二节 构图

本节所介绍的构图包括两个方面内容：建筑构图与画面构图。

一、建筑构图

建筑构图是在建筑设计和景观规划设计中所要解决的问题。但由于动手绘制效果图时，常常是只有一个粗略的平面方案和对形象的大致要求，需要通过效果图将构思具体化，以作为具体设计的形象依据。因此，就必须掌握有关建筑构图的一些基本知识。

这里仅就几个主要概念简要介绍。

（一）协调与对比

协调与对比和统一与变化之间原理相同、意义相近，只是程度有差别。统一与变化是任何造型艺术所必须遵循的原则。统一则稳定、和谐、整体感强；变化则精彩、生动、有感染力。变化差异小则易于协调，而变化差异大则形成对比。

协调与对比以体量、形状、虚实、色彩、质感等形式表现出来（图15）。

（二）均衡与稳定

均衡与稳定源自物理概念。

均衡即指相对于某一支点的正负力矩相等。而稳定是指物体重心位于物体支撑面以内，不会倾倒和移动。均衡则稳定，失衡则产生动感。均衡与稳定在构图上实际是由人对建筑物形象观察的感受和物理联想而产生的印象。

对称的东西均衡而稳定，但完全对称则庄重有余而活泼不足。非对称的东西也可以是均衡而稳定的。这就依靠形象构图的处理使其产生"力矩平衡"的印象。

均衡与稳定的形象能给人以舒服和安全感。建筑构图上的均衡与稳定是以体量组合、比例安

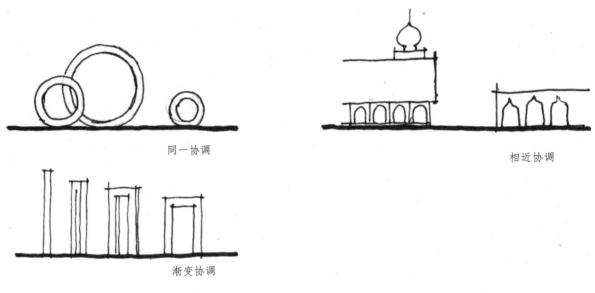

同一协调

相近协调

渐变协调

a.构图的协调

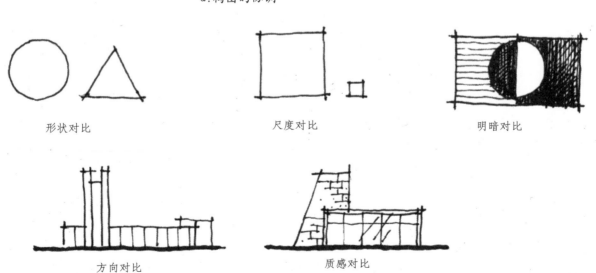

形状对比

尺度对比

明暗对比

方向对比

质感对比

b.构图的对比

图15　建筑构图的协调与对比

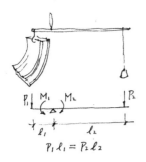

均衡的原理

对称的均衡

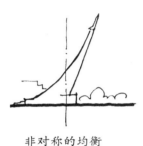

非对称的均衡

图16 建筑构图的均衡与稳定

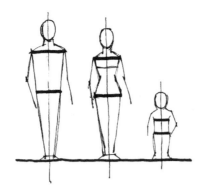

准确的比例是正确识别和美好造型的基础。

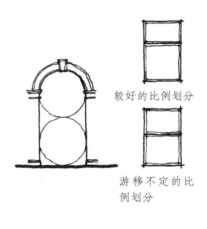

较好的比例划分

游移不定的比例划分

欧洲古典建筑特别注意比例和几何分析。

图17 比例的概念

排、色彩和质感等多种手段来实现的（图16）。

（三）比例与尺度

比例是一种数学概念，在建筑或图形上是指局部与局部或局部与整体间在尺寸大小上的比较关系。符合自然规律和人们的审美习惯的比例是创造美好形象的首要条件。不同的比例关系会使人产生不同的感受和判断。男人和女人、大人和小孩即便只有剪影也可清楚判断，原因就在于他们的身材比例是不同的。建筑形象也是一样。

尺度特指建筑物与人体或日常习见的构件（如栏杆、台阶）之间的比例关系。依据这种比例关系可以判断对象绝对尺寸的大小，这种通过比较产生的大小概念就是尺度。而参照物尺寸失真就会

正常的构件尺寸能给人真实的体量感

图18 尺度的概念

导致人对建筑物尺度的错觉。这一点无论在设计和表现上都是需要注意的（图17、图18）。

（四）节奏与韵律

节奏与韵律原属音乐上的概念，借用到建筑上来是用以形容形象的变化。

节奏在音乐上泛指速度与节拍的变化，在建筑上则指形象与空间的起伏变化，用以引导人们视线和影响心理感受而达到愉悦人心和陶冶性情的目的。建筑的外观形象、室内空间和景观规划在空间序列上都有准备、开始、进入主题、达到高潮和结束处理，这些都是设计师如同作曲家一样为达到艺术效果而有意为之的。

韵律是指音律或形象有规律的重复变化，如同音乐上的二拍子、三拍子一样。同样是有规律的重复，但给人的情绪感受不同，或整齐行进，或轻松圆舞。在建筑上不同的重复或渐变也可以创造出既有秩序又有变化的宜人形象。这种形象的有规律的重复（韵律）往往又是与结构体系的安排相对应的，因此又是符合技术规律的。

节奏与韵律是建筑构图基本规律的重要组成部分，节奏混乱又毫无韵律的建筑很难获得良好形象。

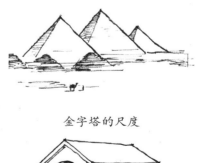

金字塔的尺度

混乱的尺度使体量失真

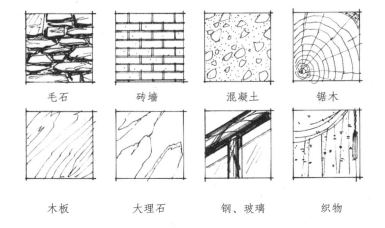

毛石　　　　砖墙　　　　混凝土　　　　锯木

木板　　　　大理石　　　钢、玻璃　　　织物

图19　材料的质感

　　材料的质感不同，应用的部位也不一样。

图20　突出重点

　　教堂是画面的主体，位置居中，重点突出。视平线较低，有利于表现教堂的高峻。

（五）色彩与质感

　　色彩与质感是建筑形象的重要影响因素，因而也成为建筑构图的重要手段。色彩的物理属性及其对人们生理和心理的影响使其成为塑造建筑形象和景观环境气氛的重要因素：红色的热烈、黄色的兴奋、绿色的平和、蓝色的宁静等等。这些属性使得色彩在构图上具有不可替代的重要作用，必须科学地加以应用。

　　质感是指材料质地给人的感觉，质地不同，则感觉也不同，如光滑与粗糙，平实与肌理，温软与冷硬，轻薄与厚重等。木材、玻璃、砖石、金属、织物、塑料等不同材料给人的质感不同，其所应用的部位、环境也不相同。温软、光洁、质地细腻的材料适宜用在室内，而坚硬、粗糙的制品和岩石等天然材料适合用在室外。不同性格的建筑、场合所使用的材料，其质感应有所不同。为了增加室内景观的自然情趣，将天然石材、植物、水体引进室内，也是利用质感营造环境气氛的手段（图19）。

　　色彩与质感对于表现建筑的轻巧与厚重、活跃与严肃、亲切与冷峻等性格特征有极大的影响，而且与形体设计相比更易于被人所直接和近距离感知，因而成为完善建筑构图的重要环节。

　　以上这些构图的基本规律不仅适用于古典建筑和现代建筑，也适用于各种景观设施的构图，并不因风格而异，需结合具体项目灵活地加以运用。

二、画面构图

　　画面构图主要指如何通过画面的合理布局将创作意图尽可能完美地表达出来。为此，需要注意以下几点。

　　（一）突出重点

　　突出重点就是首先要确定主要表达的内容。一般是将主要建筑或建筑中最富表现力的部分，即兴趣中心，放在画面中最突出的位置。其余部分可适当弱化，避免无重点的平衡对待(图20)。

（二）角度适当

重点表现的立面透视角度宜缓，以利于细致刻画。视平线高低取决于所要表现的部位和气氛。表现高耸的感觉时视点宜低，而表现场景布置和群体关系时视点宜高，但应避免将视平线置于画面高度的 1/2 处。其道理与画静物时桌面线的位置安排相同。

（三）画面均衡

通过画面布局和线条的疏密处理使画面匀称，避免偏重。必要时可以用配景加以平衡，或借鉴国画中留白、落款等处理手法，使画面布局得以调整且耐人寻味(图21)。

图 21　画面均衡

画面采用横向构图，山路蜿蜒而上，主体为仰视角度，画面均衡生动。

（四）层次分明

表现的主题通常放在中景，远景、近景只起陪衬作用，可以简化表现，甚至仅以剪影表现以突出主体。

（五）明暗适度

黑白灰的合理布局，会使画面清爽生动。尤其是主体与配景间要有适度的反差，例如透过暗的近景看亮的中景主体，或以暗的背景反衬主体使之形象突出，避免画面平淡（图 22）。

（六）气氛恰当

要根据所表达的建筑性格和场景气氛确定画面色调和配景（人物、车辆等）的位置、数量和行为特征。商场要热闹，疗养地要安静，其色调和人形安排显然应该不同。

（七）切忌喧宾夺主

效果图所要表现的是建筑或景观规划的造型和意境，一切均应服从这个主题。植物、人形和车辆等虽然对烘托气氛也很重要，但不宜过细，且需做程式化处理，使之与建筑画的工程性质相协调。反过来在以园林为主要表现对象的情况下，植物、水景、铺装、小品等就要细化，这时建筑就成了背景，应予以淡化。总之，一幅效果图也如一幕舞台剧，要主题明确、主角突出。初学者常见的毛病之一就是在建筑和景观主体上功夫不到却在配景上大费笔墨，把效果图画成了小人书，让人不知所云，这类问题应是力求避免的（图23）。

图 22　明暗适度

画面层次丰富，充分利用远景与近景的黑白关系，将处于中景的主体建筑衬托得生动传神。

图 23　切忌喧宾夺主

借鉴国画的技法，将建筑安排在绿阴中，十分生动地体现了古典园林的清新秀丽和优雅宁静的气氛。

第三章　设计师的修养

第一章和第二章所讨论的均属知识性和技术性问题。但是，要画好建筑画仅有这些还不够。要想真正将技巧掌握起来，运用得心应手，创作出高水平的作品，还要在实践中不断提高自身的艺术修养。这既包括熟练的技巧，也包括高水准的鉴赏能力和丰富的相关知识。"业精于勤、成于思而荒于嬉"，"功夫在画外"说的就是这个道理。

一、写生

写生是建筑师必须掌握的一项基本技能，尤其是速写。有成就的建筑师都有勤于动手的习惯，即便成了大师或作了高官仍是手不离笔，走到哪画到哪。这使他们有着丰富的积累，需要时当然出手不凡。

速写的对象不一定局限于建筑。风景、人物、器皿，一切生动有形的事物都可以作为描绘的对象。速写的目的是提高手绘的熟练程度，也是收集资料、记录心得的好方法。同时，好的速写本身也是极具欣赏价值的艺术品。

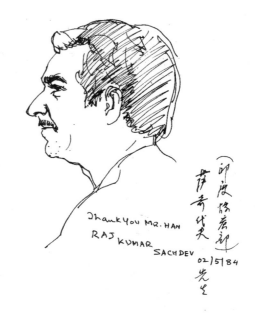

二、记忆

　　记忆指的就是默画的技能，目的在于锻炼捕捉形象特征的能力。许多场景一掠而过，没有足够的时间去描摹，这就需要凭记忆将其最主要的形象特征勾画出来，典型的有舞蹈速写。这种凭记忆画出的对象不一定很准确，但却可借以抓住最吸引人的特征、神态和气氛，因而是锻炼敏锐观察能力和提高速绘技巧的好方法。

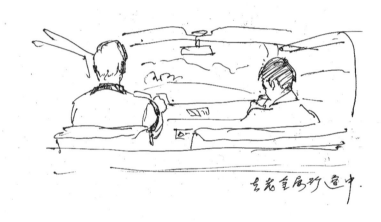

三、积累

积累是指注意经常收集有用资料，以供欣赏和备用。前人的作品、文献资料和图样，尤其是典型的建筑式样、作法、符号和常用的配景资料，都是日后创作的"营养"和素材。善于利用资料为创作服务，不仅比凭空随手乱画效率高，而且效果更好。

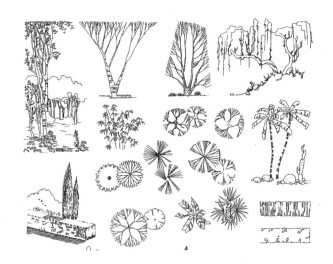

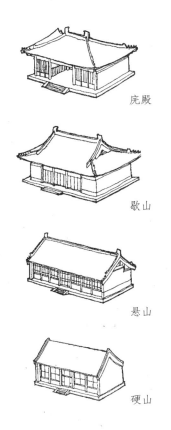

庑殿

歇山

悬山

硬山

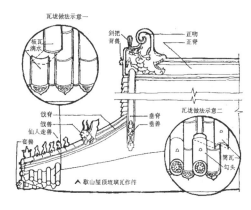

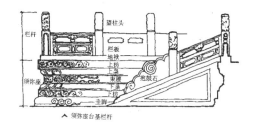

（资料来源：《建筑初步》，田学哲，中国建筑工业出版社）

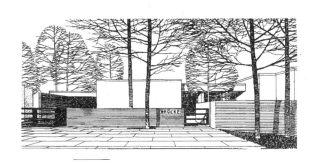

（资料来源：《外部空间与建筑环境设计资料集》，乐嘉龙，中国建筑工业出版社）

四、比 较

　　建筑绘画与一般绘画虽然都是表达形象，但是其作用不同，画法也有很大差别，这与建筑画服务于工程的性质有关。除前面所述配景要简练、程式化外，建筑物本身的画法也有所不同。建筑画用线要求挺、实、沉稳、肯定，转折处交代明确，宁可交头不可离隙，切忌线条的虚、飘、散、碎。对于艺术院校学生来说，尤其需要注意通过比较，将画法从一般绘画转到建筑绘画上来。有较好的素描、色彩基础对学好建筑画是有利条件，但不等于自然能画好建筑画。这中间既是一个对建筑的了解的过程，更有一个通过比较实现技法转变的过程。

　　建筑绘画与一般绘画尤其是在人物的处理上大不相同。一般绘画多以人物为主，即使是风景画中的人物也不能太抽象。而建筑画中的人物则需要概括、抽象和程式化，因为其作用仅为显示建筑尺度和烘托气氛，不能喧宾夺主。

招牌

北立面

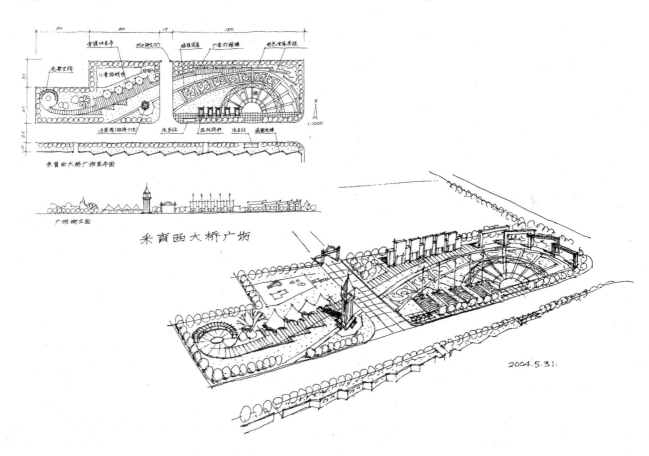

采育西大桥广场

2004.5.31.

20

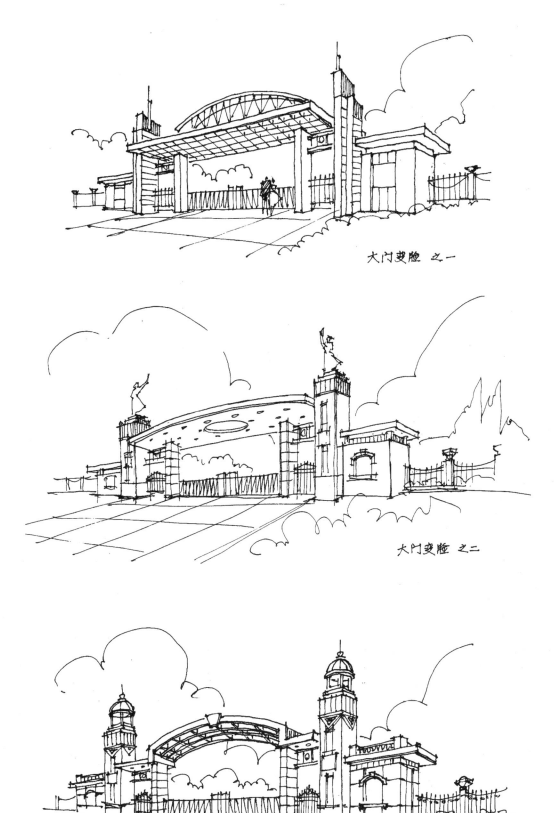

大门变脸 之一

大门变脸 之二

大门变脸 之三

五、探索

　　建筑画的画法有许多种，使用的工具不同，技法不同，效果也各异。不妨尝试多种画法，以丰富表现力，同时比较各种画法的优缺点，在探索中形成自己的画法和风格。多数人会倾向一种最为得心应手的画法作为主要表现手段。

　　除具体的技法探索，也可借鉴音乐、诗歌等形象思维，甚至将建筑性格拟人化，以启发景观意境与形象的创作。

　　例如，"随想"是常用于文学和音乐上的、具有即兴创作意味的用语，笔者将其用于内蒙古自治区一城市街景雕塑小品的创意，这样的即兴草图自然离真正的方案还很远，但它代表着一种有感而发的动机，可以作为一种形象思维过程的记录。

《草原雄风》

哲里木随想·之二

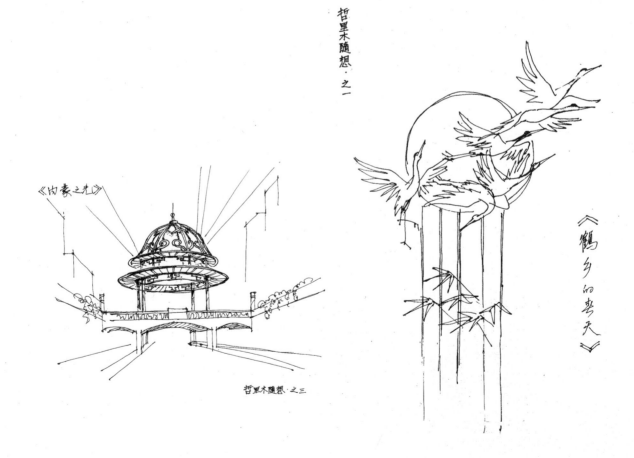

哲里木随想·之一

《内蒙之光》

哲里木随想·之三

《鹤乡的春天》

又如，建筑并非人物，何以谈"表情"？但不同方案所传达的形象气氛不同，给人的感受不同。因此，通常所谓的建筑的"性格"，与这里的"表情"等拟人化的思维和表达方式其实是有其合理性的。

此外，利用复印等手段进行局部修改、比较也是简易可行的办法。总之，从创作到表现都不妨多方面探索。

海关的表情之一 "记住，我是老大"
（形似皇冠象征主权的尊严）

海关的表情之二 "行了，可以进港"
（由被限制的船形联想通关的严格）

海关的表情之三 "其实，都是朋友"
（圆厅寓意我们的朋友遍天下）

六、交流

建筑画的技术依据是设计。写生是如此（表现的是前人设计的神颜），效果图尤其是如此。只有正确地表达了设计意图的作品才是好作品。然而，由于专业分工等原因，效果图所要表达的不一定是自己设计的成果。这就要求与设计者进行充分的交流，了解设计意图。设计者可以用更为简单的草图表达自己的意思。绘画者也可根据自己的理解和经验进行再创造，同样以草图的形式与原作者交流。

原设计者根据景观效果图的造型修改原设计是常见的事，这正体现了技术与艺术的密不可分。在这样的交流中使创意更为丰富和具体化，从而为更出色的效果图的创作打下基础。艺术院校建筑与环境艺术专业的学生，因其造型和绘画能力强，进入设计单位后，相当多的一部分人当仁不让地成为手绘的主力。因此，善于与经验丰富的建筑师交流就尤为重要。

七、升华

一个出色的效果图画家，绝不仅仅是依据别人的施工图作画的画图匠，应当有更高的追求。

首先，本身必须具备设计能力，这就要求对设计与环境的功能要求、空间安排、结构和构造的形式做法、造园技术有一定的了解。这样不仅可以为别人按图作画，而且可以在更高的水平上进行合作，直至独立进行创作。只有这样才能最大限度地发挥创作潜能。

其次，要不断拓宽视野。不仅要关注建筑领域的学术动态、流派演变并摘其精华为我所用，始终站在领域的前沿，而且应当关注相关艺术领域的发展。艺术是相通的。建筑与环境艺术是包容性最强的艺术门类，雕塑、绘画、工艺美术、多媒体在这里都有充分的施展空间，应当善于调动多种艺术手段共同营造和表达现代艺术空间。

中国的传统文化博大精深，建筑、园林、雕塑、书法和绘画共同构成中国的建筑文化。世界上没有哪个国家的建筑能与文学艺术甚至音乐有如此密切的关联。例如，据说冼星海在创作《在太行山上》时是受到列宾的油画《伏尔加河上的纤夫》的启发而写出辉煌的乐章。又如，新中国成立10周年庆典前，设计师们正为人民大会堂的室内风格拿不定主意时，周总理引用了王勃的《滕王阁序》中的两句"落霞与孤鹜齐飞，秋水共长天一色"，其辽阔深远的意境使设计师茅塞顿开。在信息社会的今天，艺术门类间的介入与融合已是大势所趋。艺术上要有所造诣，就不能囿于小的专业范围。只有借鉴现代先进技术，融合相关艺术，同时继承优秀的民族文化传统，才能创作出既是现代的，又是民族的、意境深远的建筑绘画作品，成为优秀的设计师。

第四章

中央美术学院师生作品选 · 采风

    建筑创作与文艺创作一样，也需要采风。这是一切艺术创作的必有之路。建筑采风的对象当然主要是建筑，但不局限于建筑。环境景观、风土民情、服饰器物，一切能触动心弦，启发思考，有益创作的形象都可作为描摹的对象。因此采风不仅仅是收集素材、锻炼技法的手段，更是了解社会、积累生活和提高设计师素养的过程。

    中央美术学院素有组织学生下乡写生的传统，建筑学院更结合建筑史论教学和社会调查，将采风形成制度，作为重要的教学环节坚持实行。

    这里收入的部分作品以皖南、山西、云南、贵州、四川等地民居写生为主，也有少量境外速写作品。由于时间有限、行程过紧，多数作品不可能很深入。但从中仍可看出师生的倾心投入，看出各自的审美情趣和不同的技法风格，这对于初学建筑和环境艺术的同学或可作为参考。

作者 韩光熙

夏威夷的夏日 1984/2.11.

夏威夷海湾
〈海鸥公园〉 84/6.5

作者 韩光煦

金属桥下坡道风色
1983.8 奥地利

波恩、莱茵河畔
83/7.30.

作者　王铁

作者 王铁

作者 王铁

作者　邱晓葵

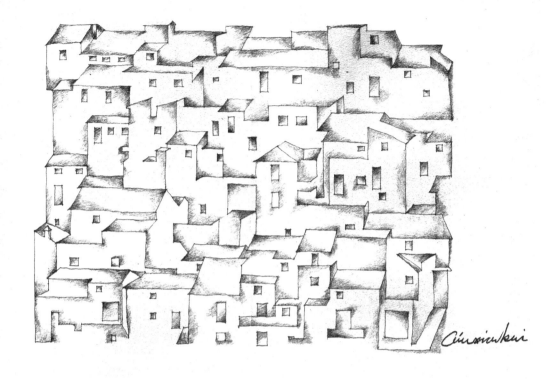

作者 钟旭东

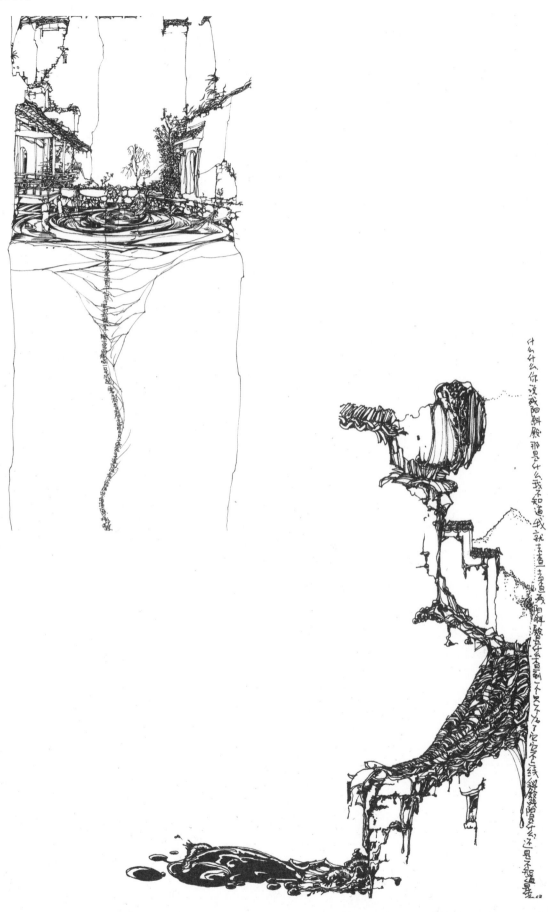

作者 封帅

赵倩

39

赵倩

作者 赵倩

赵倩
2002. 5. 13.

作者 张成轲

作者 曹卿

42

作者 陈艳

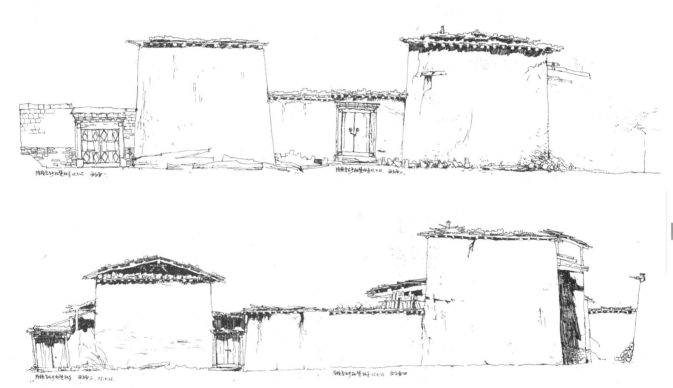

作者 陈苑苑

44

作者 冯晨

作者 柯崟

作者 柯鉴

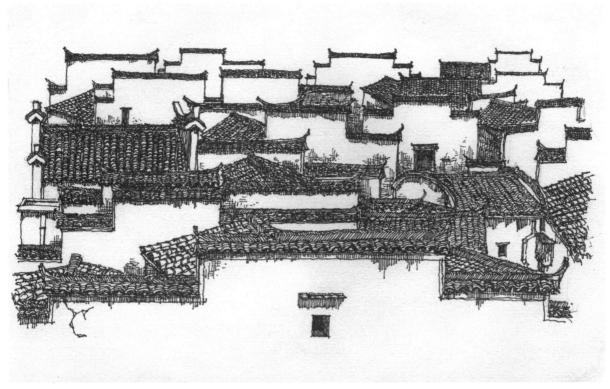

4月19日

今天是写生的第一天。我们下榻在宏村一家旅馆，这里有着良民们，便利的商品、采购成村舍，可爱的动物，清新的空气，可口的饮食，暖暖硬床湖祝福，求倒古暖死了这个地方。白天在写游勿勿记下多观察几家宅子，却总看不清画面上是什么安里，写起之儿球也不舍复去却看了，只有去逐些。在水塘里见到一条大鱼了。

4月20日。

作者 李志强

作者　刘丹华

作者 刘岳

作者 史洋

2005 4·25 写于松赞林寺
史洋

作者 田园

作者 杨剑雷

作者 张磊

54

作者 张磊

作者 左航

作者 赵路

作者 刘晶

第五章

中央美术学院师生作品选 · 创作

无论是理论讲述还是艺术采风,最终目的都是为了创作。创作的成果除了符合技术规范的工程设计文件外,最直观的表述手段就是效果图。由于经济的快速发展,善于快速绘制效果图就成为对设计师的基本要求。

这里收入的作品都是因工程急需,依据严谨的方案设计,在极短的时间里快速完成的。技法上以钢笔淡彩为主,兼有水彩、马克笔、白描等画法。为便于初学者对照学习,部分作品采用了线描稿与色彩稿并置的方法。欣赏这些作品,相信从建筑景观造型设计、配景与环境气氛渲染、画面构图、线条运用等方面都有借鉴意义。

作者 王珂

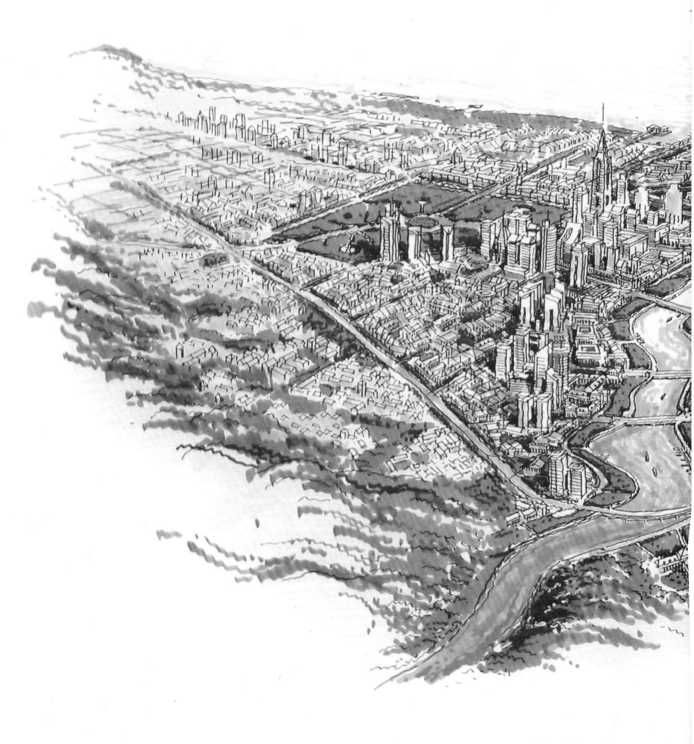

作者 王珂

60

作者 王珂

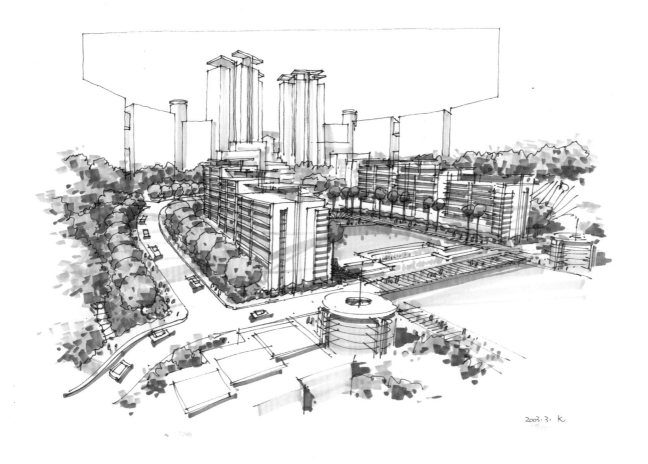

2003·3·K

作者 王珂

作者 王珂

作者 王珂

2002.10.K

作者 王珂

作者 王珂

作者 王珂

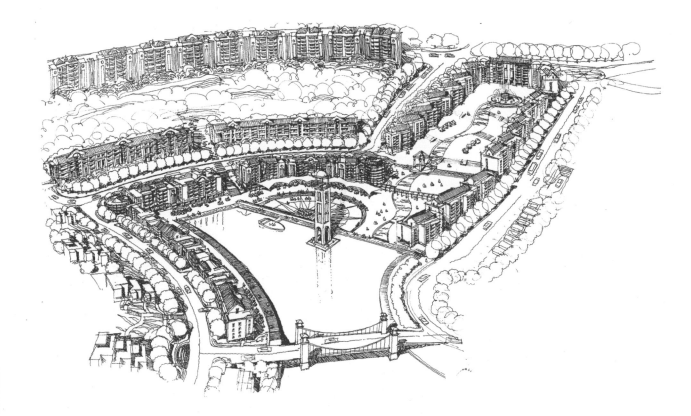

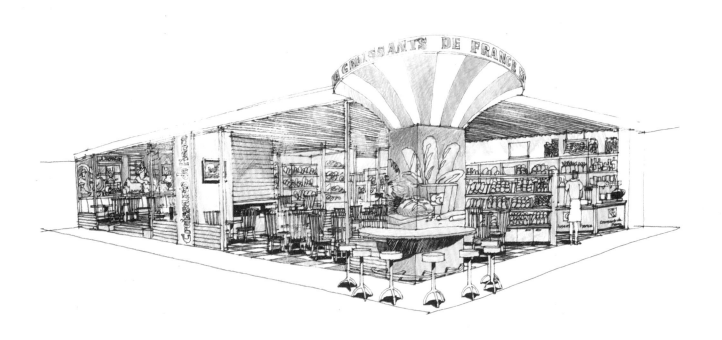

作者 王珂

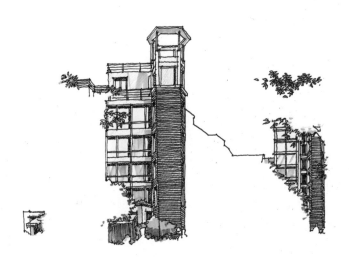

作者 王珂

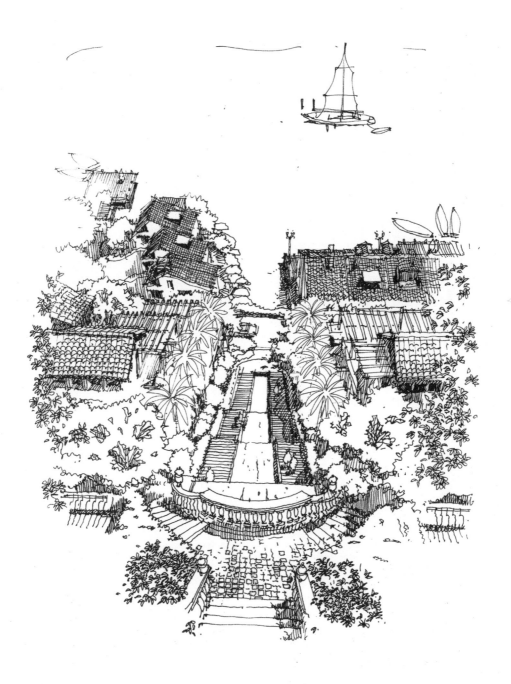

作者 王珂

74

作者 王珂

作者 王珂

作者 王珂

作者 王珂

作者 王珂

作者 王珂

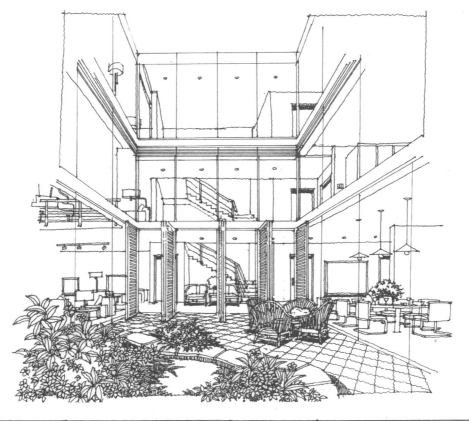

作者 王珂

作者 王珂

作者 王珂

作者 王珂

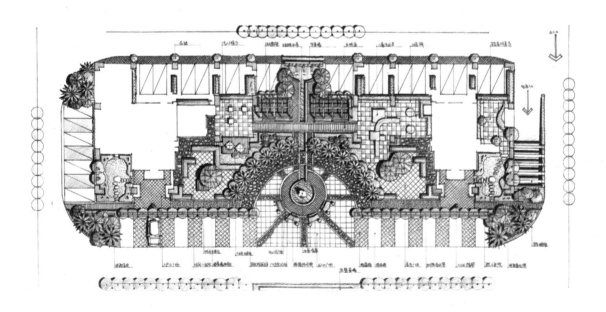

作者 王珂

作者 王珂

作者 王珂

作者 王珂

作者 王珂

94

作者 王珂

作者 王珂

作者 王珂

作者 王珂

100

作者 王珂

作者 王珂

作者 王珂

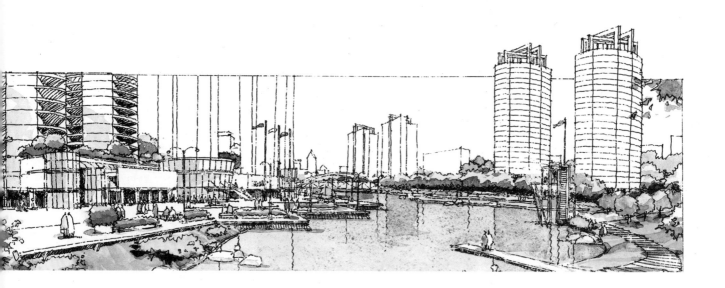

作者 王珂

作者 王珂

107

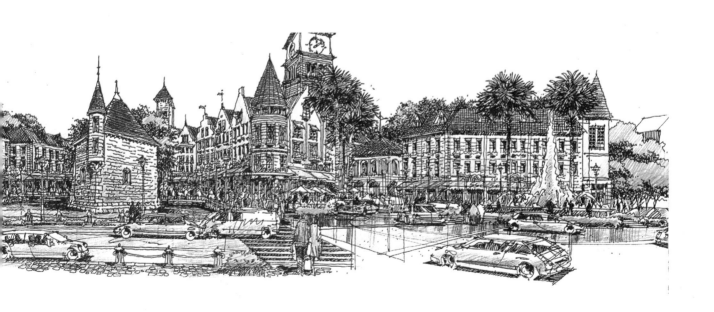

作者 王珂

作者 王珂

作者 王珂

作者 王珂

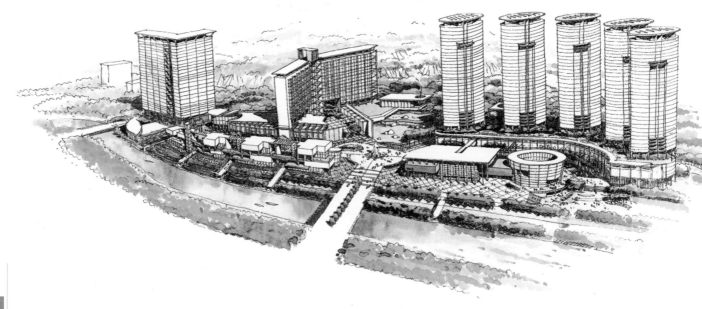

作者 王珂

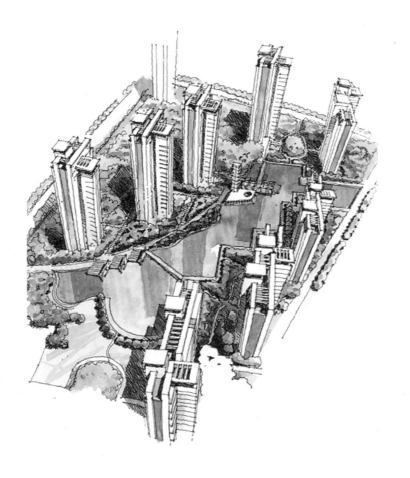

作者 王珂

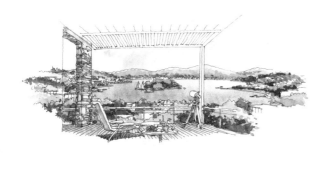

作者 王珂

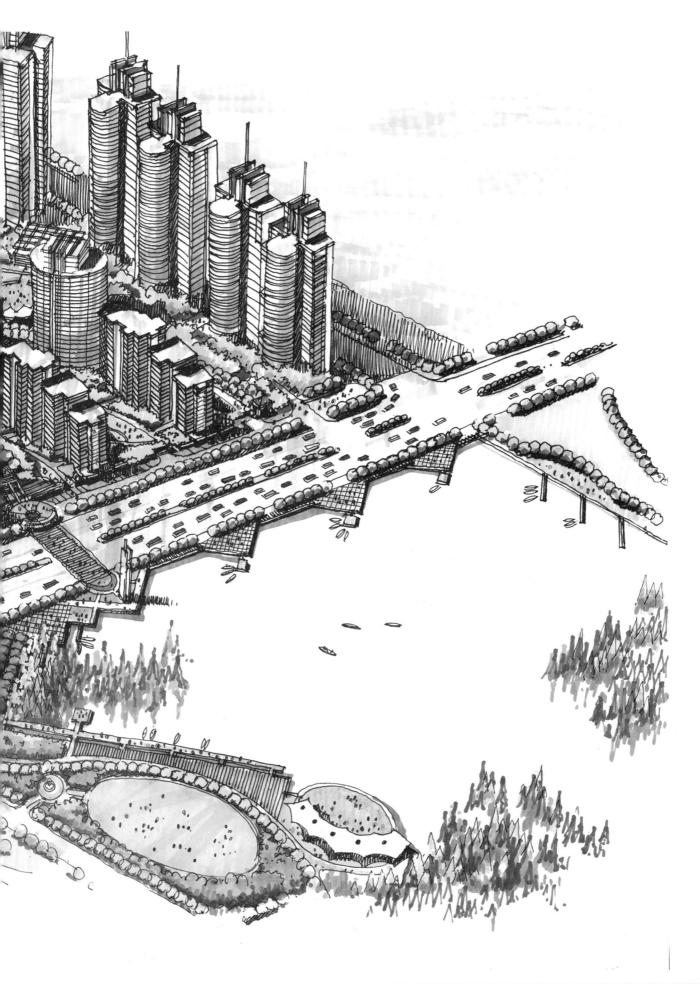

作者 王珂

作者 王珂

作者 王珂

作者 王珂

122

作者 王珂

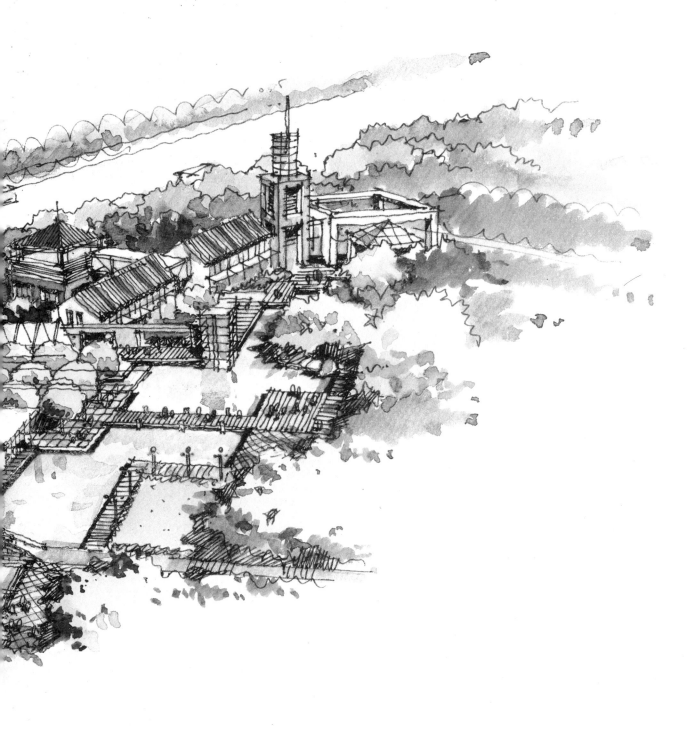

作者 王珂

作者 王珂

作者 王珂

130

作者 王珂

作者 王珂

作者 王珂

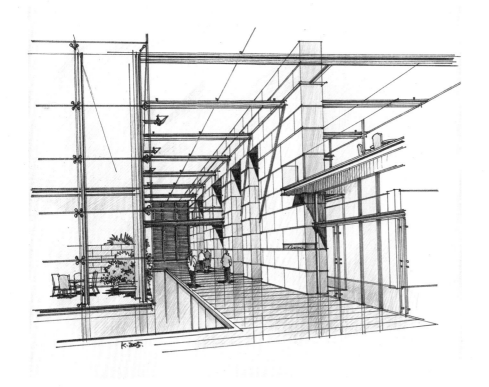

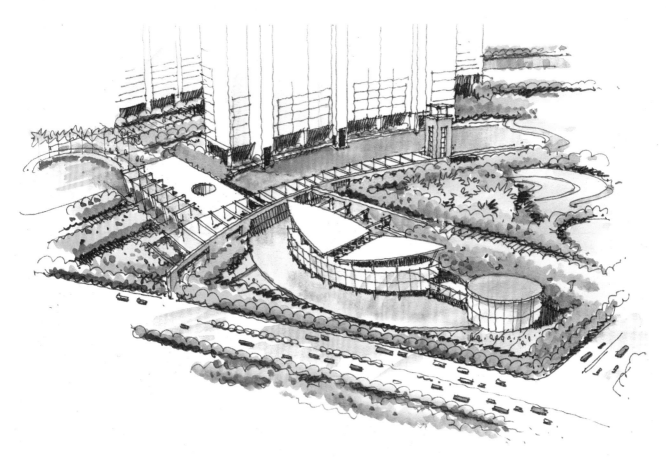

作者 王珂

作者　王珂

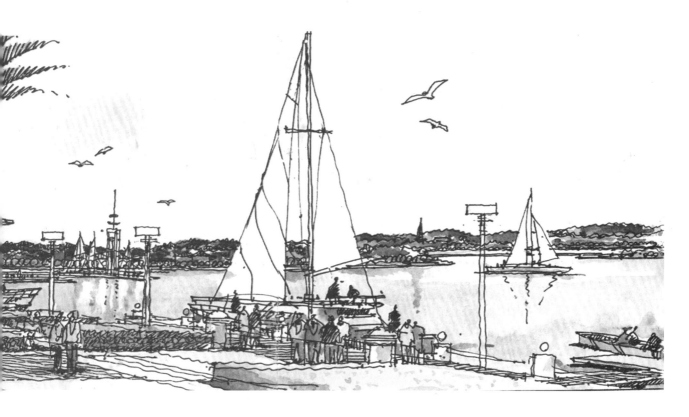

作者 王珂

2003.5.28.

作者 王珂

140

作者 王珂

作者 王珂

作者 王铁

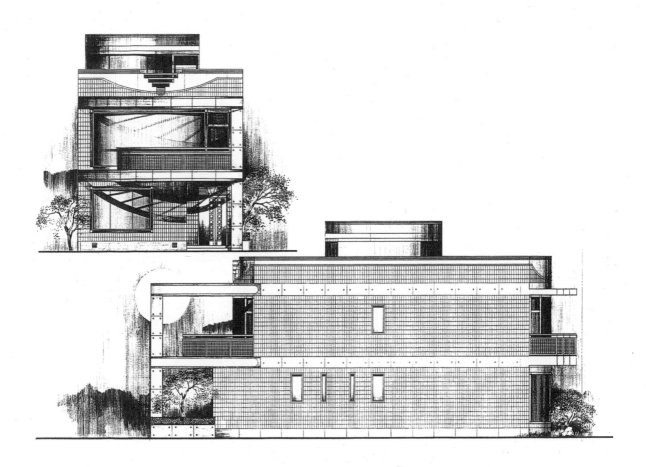

作者 韩涛

作者 崔东辉

作者 封帅

作者　赵航

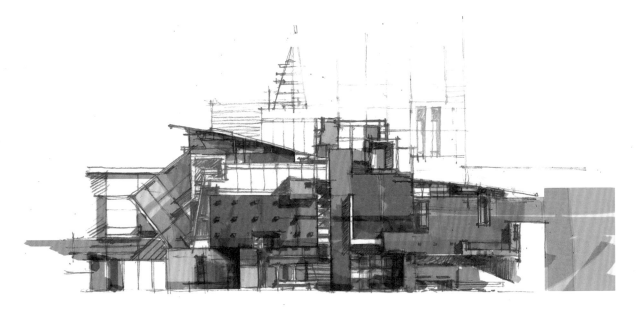

151

ZHAOHANG . 2002.12.

作者 赵航

主要参考书目

1　田学哲. 建筑初步. 第二版. 北京：中国建筑工业出版社，2002

2　乐嘉龙. 外部空间与建筑环境设计资料集. 北京：中国建筑工业出版社，1996

3　严健，张源. 手绘景园. 乌鲁木齐：新疆科技卫生出版社，2002

4　《建筑画》编辑部，《建筑师》编辑部. 全国建筑画选. 北京：中国建筑工业出版社，1988

5　《建筑画》编辑部，中国建筑画选. 北京：中国建筑工业出版社，1995

6　《建筑画》编辑部，中国建筑画选. 北京：中国建筑工业出版社，1999

韩光煦

韩光煦，1939年出生，中央美术学院建筑学院教授。1965年毕业于清华大学建筑系，先后在煤炭部沈阳设计院、煤炭部设计总院任建筑师、主任工程师和高级建筑师，长期从事建筑设计和规划设计工作并从事能源与环境问题研究。1983年和1984年曾分别赴英国和美国参加有关环境问题国际研讨会，获当时的国家计委、经委和科委联合颁发的国家14个重要领域技术政策研究"重要贡献奖"。1986年起任国家机械部某建筑设计研究院总建筑师、院长。其间，1989~1991年任援建前苏联乌克兰5项工程总建筑师及现场总指挥。1994年调入中央美术学院任教。

主要作品有北京三元宾馆、煤炭管理干部学院会堂、亚运会手球馆，曾主持广东肇庆七星岩旅游度假区总体规划、广东湛江东海岛开发区管委会大楼、深圳中房高层商住楼和广州保税区等工程设计。1972年曾参加纪念《在延安文艺座谈会上的讲话》发表30周年全国美展。现为中央美术学院建筑学院教授、研究生导师和国家一级注册建筑师。

主要论文有《建筑设计中的广义生态观》和《关于城市建筑色彩的思考》等。

王珂，1968年生，曾就读于中央工艺美院和中央美术学院，1989年进入中国革命历史博物馆（现国家博物馆）美工部工作。在十多年的展示设计工作中，主持设计或参与过中国文化大展、当代中国陈列展、香港回归展、毛泽东百年诞辰纪念展、中国近代史陈列展、上海国际旅游交易会、十一届三中全会成就展、留法勤工俭学展等数十次国家重大展事活动，并先后赴澳门地区及韩国、俄罗斯以及欧洲各国举办展会、进行艺术交流，积累了丰富的创作经验。1999年国庆前，应邀与中央美术学院合作，创作了新中国成立50周年国庆彩车系列方案，获得巨大成功。

王珂在长期从事展示工作的同时，从未停止室内外环境设计的研究和实践，绘画技法日臻娴熟。其间，曾应邀在中央美术学院作建筑画技法教学演示。2002年后，王珂专事建筑与景观环境设计工作，出任澳大利亚柏涛（深圳）环境艺术设计公司艺术总监，创作了大量景观作品。

王珂是我国20世纪90年代成长起来的新一代青年建筑画家。在建筑画技法上，他博采众长，无论在水彩、水粉和马克笔方面还是传统的白描方面等均有所造诣，尤以钢笔淡彩见长。

王珂

王珂与韩梅